RECHERCHES SUR LES MALADIES DE LA VIGNE

BLACK ROT

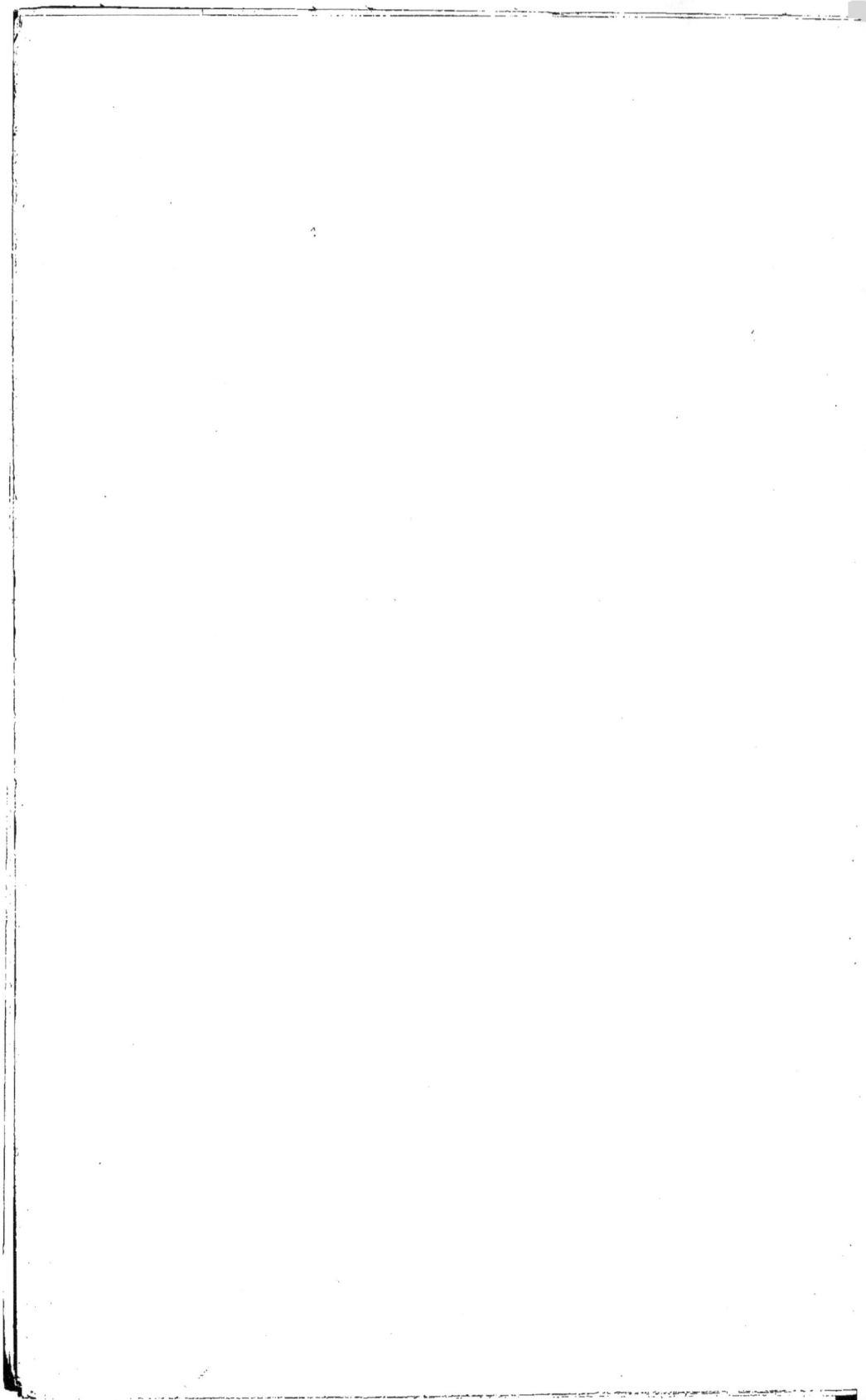

RECHERCHES SUR LES MALADIES DE LA VIGNE

BLACK ROT

II. SUR LE DÉVELOPPEMENT DU BLACK ROT

RÉCEPTIVITÉ DES FRUITS.
INFLUENCE DE LA TEMPÉRATURE, DE L'HUMIDITÉ
ET DES MILIEUX TOXIQUES

PAR

P. VIALA et P. PACOTTET

Extrait de la « Revue de Viticulture »

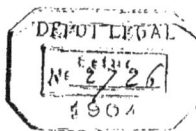

PARIS
BUREAUX DE LA " REVUE DE VITICULTURE "
5, RUE GAY-LUSSAC, Vᵉ

1904

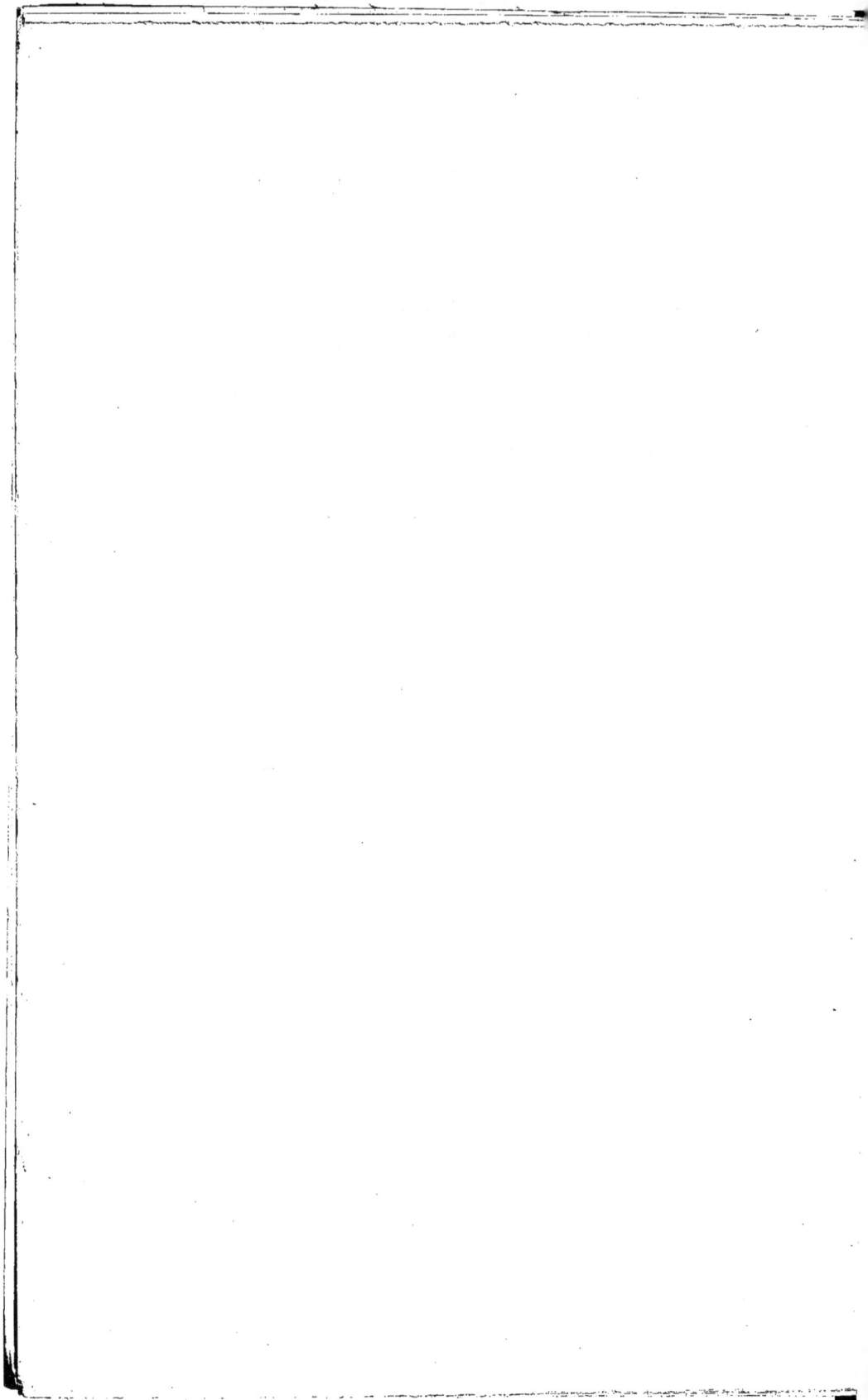

SUR LE DÉVELOPPEMENT DU BLACK ROT

RÉCEPTIVITÉ DES FRUITS.

INFLUENCE DE LA TEMPÉRATURE, DE L'HUMIDITÉ ET DES MILIEUX TOXIQUES

Dans une note précédente (1), nous avons indiqué la méthode qui nous a permis d'isoler et de cultiver, en grosses masses, le parasite *Guignardia Bidwellii)* cause du Black Rot de la vigne. Les boutures mycéliennes étaient détachées au moment où le Black Rot, sur le grain de raisin envahi, allait fructifier en pycnides.

Ces boutures peuvent être prises, dans les mêmes conditions, sur un grain blackroté de l'année précédente et garni de sclérotes, au moment où ces sclérotes, — le grain ayant été maintenu depuis quelques jours (5 à 8) dans du sable stérilisé, légèrement humecté, à une température de 15 à 18°, — commencent leur évolution et s'organisent en périthèces.

Le premier milieu d'ensemencement doit toujours être du jus de raisin vert, stérilisé à basse température. La culture ne devient facile, dans divers milieux artificiels, qu'après plusieurs passages sur ce moût, et qu'autant que ces milieux sont riches en acides organiques acides malique et tartrique. Des grains de raisin blackrotés, récoltés en 1899 et 1896 et conservés depuis en milieu sec, nous ont permis, après séjour dans le sable humide, de reproduire ainsi le Black Rot en milieu artificiel, surtout par leurs spermogonies évoluées dix-sept jours après.

---

(1) *C. R. A. S.*, tome CXXXVIII, 1er février 1904.

I

RÉCEPTIVITÉ DES FRUITS

Nos précédentes recherches de culture du Black Rot en milieu artificiel avaient précisé l'influence prédominante des acides sur le *G. Bidwellii*, et donné, à priori, la raison d'une observation, mal établie dans le vignoble, sur l'irrégularité ou l'arrêt de développement de la maladie aux périodes ultimes de la maturation. Ce fait, d'une très grande importance pratique pour les traitements du Black Rot, a pu être expérimentalement fixé, d'une façon définitive, grâce aux éléments de recherches que nous avons eus à notre disposition dans les Forceries de la Seine (de la maison Omer Decugis et fils).

Les forçages ont été conduits pour une même variété de vigne, le *Frankenthal*, de façon à avoir, en mai, dans diverses serres, des grappes à tous les états de développement, depuis la floraison jusqu'à la maturation complète, ce que l'on ne saurait réaliser dans le vignoble.

Nous avons choisi, le même jour, et cela à plusieurs reprises, 10 grappes étagées dans leur développement depuis la floraison jusqu'à la fin de la maturité complète, avec les stades successifs de grains verts de plus en plus gros (**séries 1, 2, 3,**) de grains avant véraison (**séries 4, 5, 6,**) en véraison (**séries 7, 8**), et à maturité plus ou moins complète (**séries 9, 10**).

Ces grappes ont été mises dans des récipients spéciaux et inoculées, par pulvérisation, au même moment, avec les spores (stylospores) provenant du même ballon de culture, mais de cultures diverses pour les diverses séries d'expériences complètes. Les récipients étaient mis à l'obscurité dans la salle de cultures et à une température constante de 24 à 26 degrés centigrades, les grappes maintenues dans une atmosphère plus ou moins saturée d'humidité.

Le Black Rot, inoculé au moyen des spores les plus virulentes sur les grains avant véraison (**1 à 6**), et surtout sur les grains verts au tiers de leur grosseur normale (**3 et 4**), se développe très rapidement. En trois ou quatre jours, parfois en deux jours, tout le grain est devenu gris brunâtre; au quatrième ou cinquième jour, il est complètement couvert d'innombrables pustules pycnidiennes. Il prend, du cinquième au huitième jour suivant l'état de grosseur du grain, l'aspect noir métallique verruqueux et chagriné si caractéristique dans les vignobles blackrotés.

Sur les grains un peu avant véraison (**5 et 6**), le développement est plus lent; l'altération des tissus exige deux fois plus de temps, et les pustules pycnidiennes, plus disséminées, n'apparaissent que du huitième au dixième jour.

Mais sur les grains de raisin entièrement éclaircis et qui ont perdu leur matière verte par la véraison, à acidité très réduite, de même sur les raisins de Frankenthal qui se colorent ou sont entièrement mûrs, le Black Rot ne se développe pas.

Les mêmes séries d'expériences ont été répétées et ont donné les mêmes résultats avec le *Buckland* et le *Buccleuch* cépages à raisins blancs.

Dans un autre groupe d'expériences, on a mis, dans le même récipient, des grappes mélangées et entrelacées, d'une part en pleine véraison et en pleine maturité 8 et 10 et, d'autre part, des grappes dont les grains verts avaient le tiers de leur grosseur 3. L'inoculation, abondamment pratiquée, a rapidement progressé sur les grains verts, *laissant intacts* les grains mûrs ou vérés intercalés. Si même, dans une grappe mûre ou vérée, il existe quelques grains en retard et encore verts (sommet de la grappe), ceux-ci sont altérés et envahis par le Black Rot pendant que les grains mûrs ou vérés ne sont pas attaqués par le parasite.

L'arrêt de développement du Black Rot, dès que les grains entrent en véraison, est donc expérimentalement établi.

Comme la maladie est insignifiante, du moins par ses dégâts, sur les feuilles et les rameaux, et que les ravages n'ont lieu que sur le fruit, il en résulte la conclusion pratique importante que les vignes étant défendues par les traitements jusqu'à la véraison, aucun dégât n'est plus ensuite à craindre.

Nous n'avons pu parvenir que très rarement dans le laboratoire, et d'une façon anormale, à faire pousser le Black Rot sur les fruits après véraison, en maintenant les grappes dans les récipients sursaturés d'humidité, au point où l'éclatement des peaux des grains se produisait. Le *G. Bidwellii*, dans ces cas exceptionnels, se développe très lentement 15 jours à 3 semaines : il prend des caractères morphologiques très particuliers sur lesquels nous reviendrons en étudiant les organes de reproduction.

Dans le vignoble, en Amérique aussi bien qu'en France, nous avons parfois observé les fructifications du Black Rot sur des grains presque mûrs, qui devenaient alors très juteux et très fondants comme si toute la pulpe était réduite à l'état liquide *Soft Rot* ou *Rot juteux* des Américains). Nous avons reproduit la même altération dans nos cultures, en inoculant les grappes aux dernières périodes qui précèdent la véraison et en les maintenant en atmosphère très humide. Dans ce cas, le Black Rot peut pénétrer les grains encore assez acides, mais il se développe ensuite très lentement comme dans les milieux très sucrés et peu acides ; les fructifications mettent à se former plus de 15 à 20 jours, tandis que sur les grains verts ou très acides elles apparaissent de 3 à 5 jours après l'inoculation.

Nos premières recherches de culture du Black Rot en milieux artificiels, à doses combinées d'acides organiques acide malique et acide tartrique et de sucre, avaient fait prévoir les résultats que nous venons de préciser définitivement pour les fruits. Nous avons déterminé comparativement, sur des échantillons aussi homogènes que possible, avant et après l'altération des grains par le Black Rot, les doses d'acidité et de sucre; elles sont résumées, pour un des essais (Frankenthal à raisins noirs et Buckland à raisins blancs) dans le tableau suivant :

(1)

	FRANKENTHAL		BUCKLAND	
	Sucre °/oo	Acidité exprimée en acide tartrique °/oo	Sucre °/oo	Acidité exprimée en acide tartrique °/oo
Grains sains.............	21^{gr} 8	34^{gr} 5	11^{gr} 35	18^{gr} 1
Grains blackrotés, bruns et couverts de pustules, mais non encore ridés........	6^{gr}	0^{gr} 75	5^{gr} 4	0^{gr} 245
Grains blackrotés noirs et secs.................	0	0	0	0

D'ailleurs, pour nos séries d'inoculation (**Séries 1 à 10**) de grains à divers états de développement, depuis la nouaison jusqu'à la maturité (voir plus haut), les analyses de sucre et d'acide nous avaient donné, pour des grains sains analogues, les résultats suivants :

(2)

	FRANKENTHAL	
	Acidité exprimée en acide tartrique	Sucre
Série n° 1..................	38^{gr}	16^{gr} 66
Séries n°s 2 et 3...........	34^{gr} 5	21^{gr} 82
Séries n°s 3 et 4...........	28^{gr}	27^{gr} 2
Séries n°s 6 et 7...........	24^{gr} 36	56^{gr} 5
Série n° 8..................	14^{gr} 32	104^{gr}
Série n° 9..................	10^{gr} 2	147^{gr}
Série n° 10.................	8^{gr} 58	173^{gr} 3

Quand le Black Rot se développe, dans des conditions rares et exceptionnelles, sur les raisins après véraison, on constate les mêmes phénomènes au point de vue de la consommation par le parasite des acides et du sucre des fruits. L'acide est toujours consommé plus rapidement quand il est abondant, ainsi que le montre le tableau (**1**). Et même lorsqu'il est réduit par la maturation et la respiration et que le sucre prédomine beaucoup, la destruction de l'acidité organique est proportionnelle à celle du sucre; c'est ce que donne un de nos essais comparatifs du tableau (**3**).

(3)

	FRANKENTHAL	
	Sucre	Acidité exprimée en acide tartrique
Raisins après véraison, sains...........	100	17^{gr}7
Raisins après véraison, blackrotés.......	27	5^{gr}28

D'après les essais analytiques de feuilles jeunes aux périodes où elles sont le plus facilement envahies par le Black Rot, les mêmes faits paraissent se confirmer. Et l'on trouve des différences de même ordre au point de vue des richesses en acide et en sucre sur divers cépages suivant leur degré de sensibilité, au même moment, à la maladie. Tous ces faits seront d'ailleurs détaillés dans notre étude sur la nutrition du parasite.

II

Les altérations obtenues dans nos inoculations sur grappes vertes (grains, râfles ou pédoncules), aussi bien que sur les feuilles, sont plus ou moins rapides suivant les températures. Le *Guignardia Bidwellii* n'exige pas, pour se développer, comme on l'a cru jusqu'à ce jour, ou du moins pour évoluer, des températures très élevées. Nos cultures et nos expériences d'inoculations sur grappes sont sans doute plus rapides quand la température se maintient entre 20° et 30° C., mais le développement, dans les milieux artificiels favorables, commence à 9° C. et se poursuit lentement à cette température. L'évolution s'accentue dès qu'on élève la température à 15° C.

A 9°, les fructifications pycnidiennes du parasite ne se forment pas. Elles ne commencent à se manifester qu'au bout d'un mois à 12°, tandis qu'elles apparaissent au bout de 3 à 10 jours entre 20° ou 25°. Cependant, si on fait plusieurs passages sur milieu favorable à 9° ou 10°, le Champignon prend, au bout d'un assez long temps, une accoutumance à la température, comme il la prend au milieu nutritif; et ses fructifications se forment alors, même à 10°, au bout parfois de quinze jours.

Les fructifications continuent à apparaître rapidement jusqu'à 35°. Les masses mycéliennes se développent plus lentement jusqu'à 40°. Si on fait des ensemencements en milieu liquide à 50° et qu'on les maintienne à cette température pendant 1 à 8 jours, en reportant ensuite les ballons à 15°, les semences (mycélium ou spores) n'ont pas été tuées, même au bout du huitième jour; à 25°, ces cultures fructifient 15 à 20 jours après. Les cultures ensemencées à 60°, en milieu liquide neutre, peuvent encore évoluer si elles sont reportées à 25°, mais seulement si elles n'ont été soumises à cette haute température que pendant 24 heures au maximum, limite de temps à laquelle le mycélium est détruit.

Le Black Rot a donc une très haute résistance aux températures très élevées.

Nous avons encore cultivé le Black Rot non à des températures régulièrement fixes, mais à des températures normalement variables, en plaçant diverses cultures, aux mois de février, mars, avril, mai, à l'air extérieur et dans une cave; les ballons de culture étaient, dans le premier cas, laissés à l'action de la lumière.

A l'air extérieur, les températures ont été, comme maxima et minima extrêmes :

En février :	les	1	3	6	9	12	15	18	21	24	27
Minima.......		0	3	1	5	2	4	1	8	2	7
Maxima.......		4	10	6	12	10	8	5	11	9	12

En mars :		1	3	6	9	12	15	18	21	24	27
Minima.......		—8	—6	0	2	2	2	—4	1	0	2
Maxima.......		0	4	8	9	7	8	12	13	8	11

En avril :		1	3	6	9	12	15	18	21	24	27
Minima.......		4	4	8	10	10	10	4	6	6	2
Maxima.......		8	12	13	14	16	14	19	20	20	20

En mai :		1	3	6	9	12	15	18	21	24	27
Minima.......		8	8	7	5	7	10	16	6	5	14
Maxima.......		18	18	18	19	18	24	27	19	18	30

Dans la cave, les températures ont été assez constantes, sans maxima ni minima, avec élévation graduelle de février à mars, ainsi que l'indiquent les degrés thermométriques suivants, donnés aux mêmes jours que les observations précédentes :

	les	1	3	6	9	12	15	18	21	24	27
En février		9	9	9	9	9	9	9	9	9	9
En mars		9	9	9	8,5	8,5	8,5	9	9	9	9
En avril		9	9	10	10	10	10	10	11	11	11
En mai		11	11	11	11	12	13	14	15	15	15

De très nombreuses cultures comparées, sur milieux variés, ont été faites dans ces conditions. Nous n'en retiendrons pour l'instant que les conclusions qui en résultent au point de vue de l'action de la température, réservant pour plus tard les données sur les organes de reproduction et leur évolution, ainsi que celles relatives à l'accoutumance et à la virulence du parasite.

Pendant les mois de février et de mars, avec des minima qui ont été le plus souvent de 0°, 1° et 2° C., et qui sont descendus à — 4°, — 6°, — 8°, les nombreuses cultures que nous avons conduites sur milieux divers ont été seulement arrêtées ; les froids de — 8° et — 6° n'ont aucunement détruit le parasite.

Par exemple, en mars, l'évolution était arrêtée ou lente, et ne commençait réellement que vers la fin du mois. En février, au contraire, l'évolution, lente aussi, ne subissait pas d'arrêt, surtout du 8 au 23. En avril, les cultures retardées de mars prenaient, avec l'élévation des maxima de température et malgré certains minima de 2, 4 et 6, une croissance plus active.

Tous les semis faits en février et en mars ont été suivis en culture jusqu'en juin ; ils se sont comportés différemment. Pendant qu'avec les basses températures de mars, nous n'avions que de petites masses mycéliennes dans nos ballons et que ces masses ne prenaient consistance et extension qu'en avril, les semis des premiers jours de février étaient déjà avancés comme masses mycéliennes à la fin de ce mois et s'arrêtaient ensuite en mars, pour reprendre en avril.

Notons, pour y revenir ultérieurement à propos de l'étude des organes de reproduction, que tous ces ensemencements de février et de mars ont donné jusqu'à fin mai, plus ou moins rapidement, mais toujours lentement, comme fructification des chlamydospores (Fig. 1). Celles-ci se

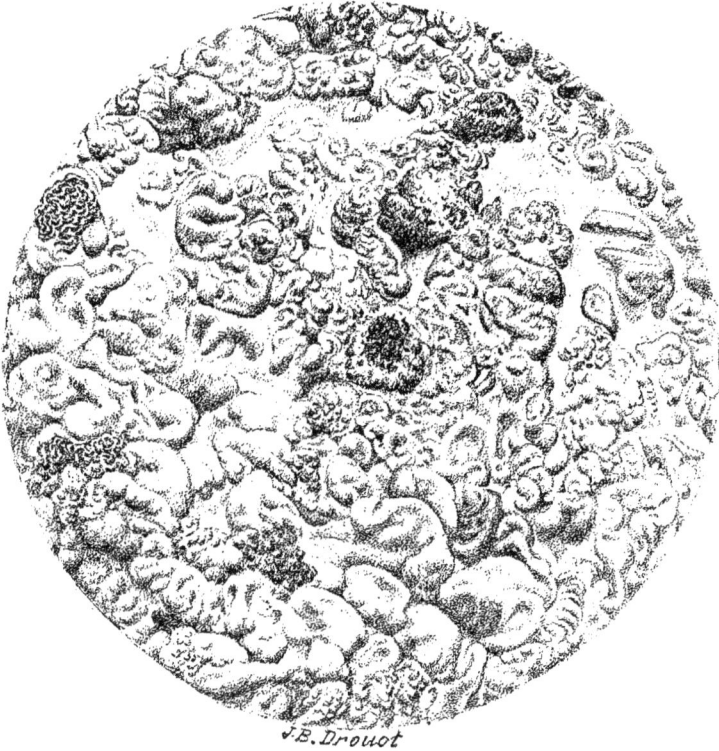

Fig. 1. — Aspect d'une plaque de Chlamydospores obtenue en ballon de culture (Reduct. : 2/3).

sont montrées avec les températures de février trois semaines après, avec celles de mars cinq semaines après.

Les pycnides n'ont apparu, sur les mêmes trames mycéliennes, que vers la fin mai, et cela au même moment pour les semis faits en février aussi bien qu'en mars. Au contraire, les semis faits le 6 avril ont rapide-

2

ment germé ; et, déjà le 16 avril (dix jours après), les voiles mycéliens commençaient à se couvrir de pycnides.

Même observation à noter, dans le même sens, pour les semis faits en mai. Or, dans ces deux mois, nous avions des minima de 6°, 5°, 7°, mais avec des maxima de 14° au moins, de 18° à 20° le plus souvent.

Nous retiendrons de ces observations deux faits : la résistance du Black Rot, même à l'état végétatif, aux températures de — 8° et — 6°, la possibilité de son développement et de sa fructification, en avril et en mai, malgré des minima de 5°, 6° et 7°.

La rapidité du développement du Black Rot à ces diverses températures est plus active en milieu liquide qu'en milieu solide, plus active aussi en milieu acide et liquide qu'en même milieu neutre.

En cave, pendant le mois de février, la température a été fixe, sans variation aucune, à 9°, et elle s'est maintenue à ce degré jusqu'au 6 avril, en s'élevant très lentement à 12° seulement vers le 9 mai, soit 63 jours de fixité à 9° et 39 jours de température à 10° et 11° ; en tout 102 jours (3 mois), pendant lesquels les cultures ont continué sans cesse à végéter lentement. Les ballons étaient remplis d'une abondante masse mycélienne ; ils n'avaient à la surface que des chlamydospores (Fig. 1), mais pas de pycnides, et cela jusqu'à fin mai, époque où les conceptacles pycnidiens ont commencé à se former.

Au contraire, les semis mis en mouvement en avril, le 6, avec des températures qui commencent à 10°, — un degré seulement au-dessus de la température à laquelle ont été faits les semis de février, — et qui se maintiennent à 10 et 11° jusqu'à la fin du mois, donnent des fructifications pycnidiennes le 27, trois semaines après. Des semis faits le 3 mai avec 11° étaient couverts de pycnides le 20, avec 15°, soit 15 jours après.

Nous ne donnons ces résultats d'expériences que pour bien fixer que le Champignon peut continuer une végétation régulière et lente à 9 et 10°, ainsi que nous le disons au début de cette étude sur les températures d'après des expériences d'un autre ordre.

Ces expériences prouvent aussi, — et elles ont été assez multipliées pour que nous puissions préciser le fait, — qu'un simple changement de 1 ou 2° de température (constante) amène une modification dans le développement biologique du parasite : les chlamydospores se forment seules à 9°, limite de température du développement végétatif du parasite, mais non limite de résistance ; dès que la température reste constante à 1 et 2° de plus, ce sont les pycnides qui apparaissent plus ou moins rapidement.

III

Les récipients dans lesquels nous opérons les inoculations sur grappes constituent un milieu confiné très humide, à température constante de 24° à 26° C. Dans ces conditions, les phases d'altération des tissus de la vigne sont condensées et très brusques. On passe très rapidement. en deux ou trois jours parfois si l'organe de la vigne est dans les meilleures conditions de réceptivité pour le Black Rot (conditions nutritives parfaites pour le *G. Bidwellii*, aux altérations gris brunâtre qui précèdent l'apparition des innombrables pustules du parasite. La jeune feuille inoculée, par exemple, est bientôt entièrement et rapidement brunie, sans cet aspect feuille-morte qui précède les pustules ou coïncide avec leur formation; les tissus du parenchyme sont comme bouillis par le Champignon qui les couvre d'une quantité énorme de pycnides.

On peut cependant reproduire toutes les phases d'altération des organes de la vigne qui ont été décrites (1) dans le vignoble pour le Black Rot. Il suffit, pour cela, de produire, par un dispositif spécial, une aération constante des récipients où sont les grappes ou feuilles inoculées, en faisant circuler par aspiration de l'air plus ou moins humide.

L'altération, après inoculation des grappes par exemple, marche moins rapidement; ainsi, pendant qu'une jeune grappe aérée est brunie et fructifie (inégalement pour les divers grains) en 10 ou 15 jours, une grappe de même développement, maintenue en air humide et confiné, est détruite et couverte de pustules en 5 ou 6 jours.

En réglant l'aération et l'état hygrométrique des récipients, on reproduit successivement tous les caractères du Black Rot sur les fruits. L'action de l'air distance donc les phases d'altération des tissus envahis par le Black Rot, et cette action est d'autant plus accusée que l'air est plus sec. Des grappes soumises, dès le début des expériences, à un courant d'air sec, en récipients clos, ont été abondamment inoculées, comparativement avec les grappes du même cépage au même état et maintenues en air humide dans des récipients semblables. Or, dans aucune de nos expériences, répétées plusieurs fois, nous n'avons pu faire développer le Black Rot sur ces grappes aérées à l'état sec; la germination ne s'est pas produite et aucun grain n'a jamais été pénétré.

L'influence prépondérante de l'humidité, ou de l'air humide, si bien constatée en Amérique et dans les vignobles du Sud-Ouest, sur le développement du Black Rot est, par ces essais, expérimentalement établie. Ces expériences expliquent aussi l'action de la sécheresse atmosphérique

(1) Voir P. VIALA, *Les Maladies de la vigne* (3e édition, 1893, pages 163 à 169).

(air sec), à laquelle est due l'absence générale et à peu près constante du Black Rot dans les vignobles méridionaux.

La rapidité d'altération des grappes inoculées dépend aussi, dans toutes nos expériences, de l'origine du milieu de culture où ont été pris les semis qui ont servi à l'ensemencement. Nous reviendrons, dans un autre travail, sur ces différences de virulence du Black Rot suivant les milieux dont il provient, en étudiant en détail les variations de virulence du *G. Bidwellii*, nettement établies par nos cultures.

IV

INFLUENCE DES MILIEUX TOXIQUES

Les divers corps minéraux ou organiques qui paraissent, à priori, avoir une action toxique sur les germes ou le développement du G. *Bidwellii* se comportent très différemment. Nous avons dit, dans une précédente note, que nous avions pu faire vivre le Black Rot jusqu'à 15 grammes par litre d'acide phosphorique, $3^{gr}1/2$ d'acide azotique ou d'acide sulfurique et jusqu'à 3 grammes d'acide chlorhydrique, ajoutés aux milieux de culture. L'acide acétique nous donnait le résultat imprévu d'arrêter toute germination et tout développement dans nos milieux de culture à moins de 1 gramme par litre, exactement $0^{gr}8$ (exprimé en acide sulfurique). Il en est de même quand on met des traces d'acide acétique dans le fond des récipients spéciaux où l'on maintient, baignées par ces vapeurs, les grappes inoculées.

Le sulfate de cuivre en addition aux milieux de culture ne gêne pas le développement du parasite jusqu'à la dose de 1/1100e; à cette dose, il végète plus lentement, mais il fructifie au bout d'une dizaine de jours. A des doses plus élevées, 1/1000e, les fructifications sont rares, lentes à se produire; au-dessus 1/800e), elles ne se forment pas. Mais si l'on fait des cultures sériées, en prenant, pour inoculer un nouveau milieu un peu plus riche en sulfate de cuivre, la semence (spores ou mycélium) dans un milieu immédiatement moins riche et dans lequel on a déjà fait trois ou quatre cultures successives, on augmente l'accoutumance du Champignon au sulfate de cuivre. Nous avons pu ainsi parvenir à faire vivre encore le Black Rot dans des milieux contenant 1/500e, soit 2 ‰ de sulfate de cuivre. Avec les verdets neutres ou ammoniacaux, la dose maxima est actuellement, dans nos essais, de 1/600e et 1/800e. Quand par l'acide acétique on rend acide le verdet neutre (1 d'acide acétique pour 1 de verdet), la vie du Black Rot cesse à la dose de 1/1800e.

Le bichlorure de mercure, après accoutumance des cultures, arrête tout développement à une dose, encore assez élevée pour ce corps, de 1/25000e; le chlorure de cuivre va à 1/800e, le nitrate de cuivre à 1/500e, l'acide arsénieux à 1/600e, le sulfate ferreux à 1/500e, le permanganate de potasse 1/600e, etc.

Cette accoutumance aux corps toxiques du G. *Bidwellii*, après de nombreux passages dans un milieu à doses déterminées, puis sur milieu à doses de plus en plus riches, accoutumance progressive mais lente (plusieurs mois), nous paraît expliquer certains faits relatifs aux traitements de la maladie dans le vignoble.

Dans une autre série d'expériences, nous avons pris des masses mycéliennes développées en milieu nutritif normal (jus de haricot acide). Ces masses mycéliennes ont été immergées dans des solutions de sulfate de cuivre et de verdet à doses croissantes et pendant un temps variable. Cette immersion dans ces solutions toxiques n'a pas immédiatement détruit le mycélium.

Ainsi, pour ne donner que les termes extrêmes, dans une solution de sulfate de cuivre à 1 % (un pour cent!), et après une immersion qui a duré huit jours, le mycélium, retiré et mis à nouveau dans le liquide nutritif normal ou en tubes gélosés (lait, haricot, etc.), a repris sa végétation et a fructifié au bout de 20 à 30 jours.

Dans le verdet acide à 1 % (acétate neutre 0,5 %, acide acétique 0,5 %), la résistance a été beaucoup moins grande. L'immersion au bout de 48 heures ou de 3 jours, suivant l'origine des semis, a déterminé l'altération du mycélium, qui n'a pas repoussé quand on le reportait même sur les milieux de culture liquide qui pouvaient entraîner ou diluer le corps toxique.

Le mycélium en pleine végétation a donc une résistance aux corps toxiques bien plus élevée que les spores en germination ; cette résistance s'est montrée, dans ces essais, cinq fois plus élevée.

Notons que les bases : ammoniaque, potasse, soude, chaux, baryte, que nous avons dit arrêter le développement du Black Rot dans les milieux de culture aux doses uniformes d'alcalinité (exprimée en alcalinité potassique) de 0,50 par litre et par conséquent à des doses équivalentes à leur poids atomique, ont des actions très réduites quand elles sont combinées. Ainsi, la potasse arrête toute vie mycélienne à 1/2000°, soit à 1/2 gramme par litre ; mais le sulfate de potasse n'arrête le développement qu'à 1/20°, soit 50 grammes par litre, etc.

La haute résistance ou l'accoutumance que prend le Black Rot aux fortes doses de sulfate de cuivre (jusqu'à 1/500, soit 2 %₀ ou 2 grammes par litre) dans les milieux artificiels est à retenir. Dans les essais où des grappes vertes (de la série 3) ont été pulvérisées de bouillie bordelaise à 2 % de sulfate de cuivre ou de verdet à 1 %, puis, une fois sèches, saupoudrées de spores et mises à 25 degrés de température constante avec atmosphère assez humide, l'envahissement et le développement du Black Rot ont été retardés par rapport aux grappes témoins. Mais, au bout de 8 à 12 jours (au lieu de 3 à 4 jours), la rafle d'abord, puis les grains étaient pour la plupart envahis et brunis, et les fructifications apparaissaient 10 à 15 jours après.

Ces faits expérimentaux présentent un intérêt scientifique, mais il est impossible d'en rien conclure actuellement pour le traitement pratique du Black Rot dans les conditions normales et bien différentes du vignoble.

Nous donnerons, dans un mémoire ultérieur, le résultat de nos observations, d'après nos recherches expérimentales, sur les conditions physiques et chimiques dont dépendent la formation et l'évolution des divers organes de reproduction et des formes mycéliennes variées du *Guignardia Bidvellii*. Dans ce travail seront aussi développées les études morphologiques sur les pycnides et les stylospores, sur les conidies-stylospores, sur les vraies formes conidiennes, sur les spermogonies et la germination des spermaties, sur les sclérotes, sur les périthèces, et sur les chlamydospores.

25 juin 1904.

P. VIALA ET PACOTTET.

Paris. — Imprimerie F. Levé, rue Cassette, 17.

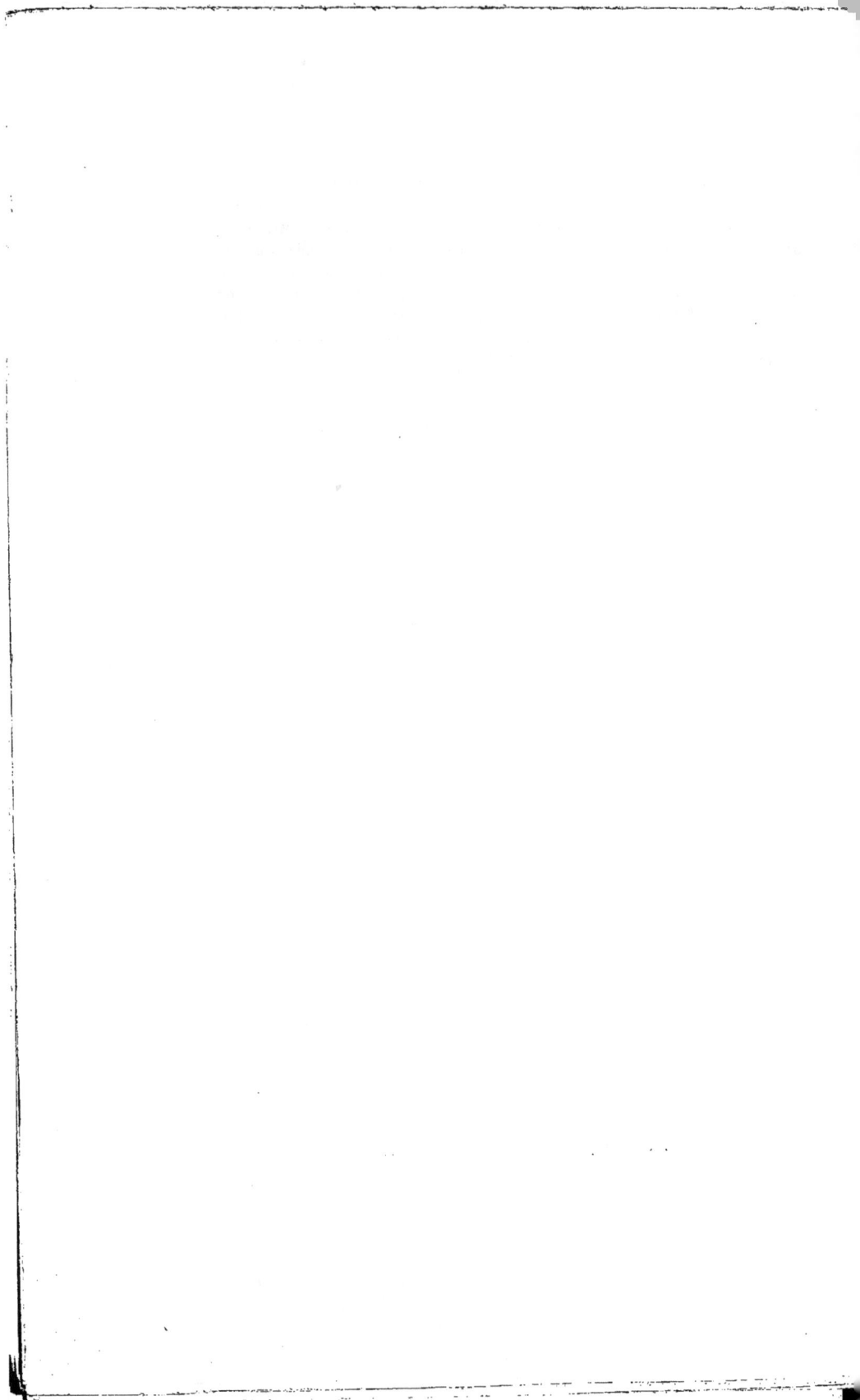

www.ingramcontent.com/pod-product-compliance
Lightning Source LLC
Chambersburg PA
CBHW050357210326
41520CB00020B/6348